버터, 달걀, 우유 없이도 이렇게 맛있다고?

비건 디저트

버터, 달걀, 우유 없이도 이렇게 맛있다고?

비건 디저트

Introduction

소중한 사람을 위해 달콤하고 건강한 비건 디저트를 만들어보세요!

   최근 비건 인구가 크게 증가하고 있습니다. 하지만 비건 요리를 집에서 만드는 것은 쉽지 않은 일입니다. 많은 사람들이 비건 요리를 맛보려면 전문 레스토랑에 가야 한다고 생각하곤 합니다. 그만큼 선뜻 시도하기에는 진입 장벽이 높은 요리라는 이미지가 있습니다. 본격적인 비건 요리를 시작하기 전에, 디저트로 비건 요리를 먼저 도전해 보는 것은 어떨까요?

   비건 레스토랑은 점차 늘어가고 있지만, 비건 디저트 전문점은 찾아보기가 힘듭니다. 달걀, 우유, 버터를 먹지 않는 사람이 많은데도 그들을 위한 비건 디저트 레시피를 소개하는 책은 거의 없습니다. 그래서 비건을 지향하는 사람은 물론이고, 달걀과 우유 알레르기가 있는 사람도 안심하고 즐길 수 있는 레시피를 준비했습니다. 밀가루 대신 쌀가루나 현미가루를 사용한 레시피도 소개합니다. 이 책에 나오는 대부분의 레시피는 집에 있는 간단한 도구로 누구나 집에서 쉽게 만들 수 있도록 했습니다. 재료도 최소화해 부담 없이 시도할 수 있습니다.

   이 책의 저자는 비건 디저트로 유명한 도쿄 긴자의 비건 레스토랑 '아인 소프'의 오너입니다. 이 책에는 아인 소프의 인기 레시피와 함께 누구나 따라 할 수 있는 인기 디저트 레시피 37가지가 담겨 있습니다.

   이 책의 레시피는 다른 어떤 디저트와 비교해도 맛있고 퀄리티가 뛰어납니다. 무엇보다 몸에 좋습니다. 비건이 아닌 사람들에게도 건강을 위해 비건 디저트를 추천합니다. 소중한 사람을 위해 달콤하고 건강한 디저트를 만들어보세요.

Contents

PART 1 아인 소프의 인기 메뉴 3

PART 2 Cake 케이크

PART 3 Cookie 쿠키

이 책의 사용법

 이 마크는 비건 레시피 (달걀, 유제품 등 동물성 식품을 사용하지 않은 레시피)를 의미한다.

 이 마크는 글루텐 프리 레시피 (밀가루 대신 쌀가루, 오트밀 가루 등을 사용한 레시피)를 의미한다.

· 식물성 기름과 제과용 쌀가루를 사용하는 것을 추천한다.

· 요거트는 무가당 식물성 요거트를 사용한다.

· 1작은술은 5mL, 1큰술은 15mL, 1컵은 200mL다. 재료는 정확히 개량한다.

· 상온은 18~20℃를 뜻한다.

· 보관이 가능한 디저트는 장소와 기간을 표시했으며, 밀폐 용기나 지퍼 백을 사용해 보관한다.

· 오븐 사용법

습도와 구워지는 시간은 오븐의 열원(가스, 전기) 방식, 크기, 브랜드 등에 따라 다를 수 있다. 우선 이 책에 적혀 있는 온도와 시간을 기준으로 만들어보고, 그 후에 갖고 있는 오븐의 특성에 따라 조절하면 된다. 오븐을 미리 예열하고 사용한다.

기본 재료

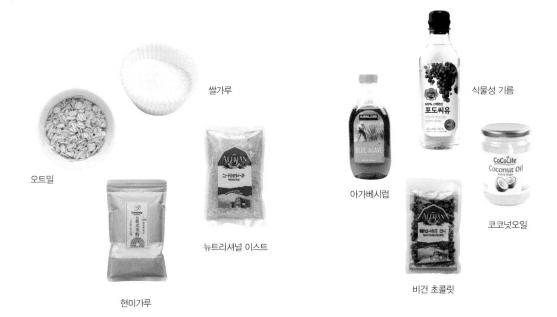

쌀가루

식물성 기름

오트밀

아가베시럽

뉴트리셔널 이스트

코코넛오일

현미가루

비건 초콜릿

오트밀 귀리를 조리하기 쉽게 가공한 것으로 마트의 시리얼 판매대에서 살 수 있다. 오트밀을 푸드 프로세서로 곱게 갈아서 사용해도 된다.

쌀가루 제빵용과 제과용이 있으며 이 책에서는 제과용을 사용한다.

현미가루 현미를 곱게 간 가루로 제과용을 사용한다. 소박한 맛과 풍미가 특징이다.

뉴트리셔널 이스트 사탕수수 등의 당밀에서 발효시킨 이스트로, 치즈와 같은 깊은맛을 낸다.

아가베시럽 아가베 수액으로 만든 감미료로 설탕보다 단맛이 강하고, GI 지수가 낮다.

식물성 기름 식물에서 추출한 기름으로, 비타민, 미네랄, 항산화 물질이 풍부하다. 향이 진하지 않은 기름을 사용한다.

비건 초콜릿 우유, 생크림, 흰설탕 등의 동물성 재료와 정제된 식품을 사용하지 않은 초콜릿이다.

코코넛오일 코코넛 열매에서 짠 기름으로 향이 있는 것과 없는 것이 있으니, 기호에 맞게 선택한다.

대추야자

아몬드 밀크

코코넛 크림

코코넛 슬라이스

원당

바닐라 익스트랙트

베이킹소다

캐슈너트 버터

코코넛 크림 코코넛 과육을 압착해서 추출한 크림으로, 지방을 분리하면 코코넛오일이 나온다.

아몬드 밀크 아몬드를 원료로 만든 식물성 음료로 이 책에서는 무가당을 사용한다.

캐슈너트 버터 유분이 많은 캐슈너트를 페이스트 상태로 만든 것으로 부드러운 맛이 난다.

바닐라 익스트랙트 천연 바닐라빈을 알코올에 담가 향을 추출한 제품으로, 구운 디저트와 굽지 않는 디저트에 모두 사용할 수 있다.

코코넛 슬라이스 잘게 썬 건조된 코코넛 과육으로 아삭한 식감과 코코넛 향이 특징이다.

대추야자 단맛이 강한 건과일. 설탕 없이도 달콤한 맛을 낼 수 있다.

베이킹소다 반죽이 즉각적으로 부풀어 올라 바삭한 식감을 내기 좋다. 포장을 뜯은 뒤에는 어둡고 서늘한 곳에 보관한다.

원당 정제한 흰설탕이 아닌. 정제하지 않은 사탕무나 사탕수수 자체의 당을 의미한다.

작업 전 체크 리스트

1

2

3-a

3-b

1 레시피 먼저 읽기

디저트를 만들기 전에 레시피를 미리 읽고, 필요한 재료를 계량해 둔다. 필요한
도구도 미리 꺼내 놓고 시작한다.

2 물기 빼기

두부나 요거트의 물기는 확실히 빼야 한다. 체를 얹은 볼에 키친타월로 감싼
두부나 요거트를 올리고, 위에 유리볼 등을 누름돌 대용으로 올려 물기를 뺀다.

3 코코넛 크림 사용법

냉장 보관 후 고체와 액체를 분리해 고체 부분만 스푼으로 떠서 사용한다.
상온에서는 액체 상태지만 냉장 보관하면 고체가 된다. 유수분이 분리되어 굳었
을 때는 캔을 따뜻한 물에 살짝 담가 잘 흔들어주면 액체 상태가 된다.

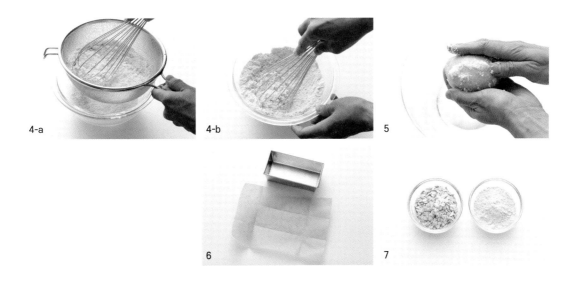

4-a   4-b   5   6   7

4 가루는 체에 내리고 잘 섞기

재료를 균일하게 잘 섞어 반죽하는 것이 맛있는 디저트를 만드는 중요한 포인트다. 보통 체로 쳐서 바로 사용하는데, 체로 친 다음 거품기로 한번 잘 섞어 주는 것이 좋다.

5 과일은 소금으로 씻기

과일을 껍질째 사용할 경우, 가능하면 유기농 과일을 사용한다. 표면을 소금으로 잘 문지른 다음 깨끗이 씻어 사용한다.

6 틀에 유산지 먼저 깔기

반죽하기 전, 미리 틀에 유산지를 깔아 놓는다. 빨리 부푸는 머핀 반죽은 반죽이 끝나자마자 바로 틀에 붓는 것이 좋다.

7 오트밀 가루 만들기

오트밀 가루는 시판 제품을 사용하거나, 직접 푸드 프로세서로 갈아 사용해도 좋다. 왼쪽 사진은 오트밀이고 오른쪽 사진이 오트밀 가루다. 가루의 입자가 고울수록 디저트의 표면이 곱다.

이 책에 소개한 비건 디저트는···

1 달걀과 우유, 버터 등의 동물성 단백질, 흰설탕을 사용하지 않는다.

요즘 알레르기 등의 이유로 동물성이나 정제된 식품을 먹지 않는 사람이 늘고 있다. 재료 신경 쓰지 않고 마음 편하게 맛있게 먹을 수 있는 레시피를 엄선했다. 맛있는 디저트를 스트레스 없이 즐겨보자.

2 밀가루 대신 쌀가루, 오트밀 가루를 사용한다.

밀가루에 함유된 글루텐은 끈기가 있어 빵, 파스타, 과자를 만들 때 꼭 필요하다. 쫄깃한 식감과 끈기는 글루텐 때문이다. 하지만 글루텐 섭취로 몸의 컨디션이 나빠지고 소화에 어려움을 겪는 사람도 적지 않다. 또한, 알레르기의 원인으로 밀가루가 자주 거론되기도 한다. 그래서 이 책에서는, 밀가루가 아닌 쌀가루나 오트밀 가루를 사용한 레시피를 소개한다.

3 비건 디저트인데 이렇게 맛있다니!

디저트를 만들 때 필요한 재료(밀가루, 달걀, 우유 등)를 사용하지 않으면, 일반적인 맛이나 식감과 달라진다. 하지만 이 책에서 소개하고 있는 레시피는 시행착오를 반복하면서 완성된 레시피로 우유, 달걀, 버터가 들어간 보통의 디저트와의 차이점을 느낄 수 없을 것이다. 이 책에는 세상의 모든 비건인을 사로잡을 수 있는 비결이 가득 들어있다.

직접 만드는 비건 디저트 재료

비건 버터 Vegan butter

코코넛오일을 사용해 만든 비건 버터는 우유로 만든 일반 버터와 맛과 식감이 유사하다. 울금으로 색을 입혀 일반 버터와 색이 똑같다.

재료

Ⓐ 아몬드 밀크 70mL
뉴트리셔널 이스트 1큰술
아가베시럽 1작은술
식초 ½작은술
소금 ½작은술
울금 조금

올리브오일 2큰술

코코넛오일 (2~3시간이상 냉장고에서 보관) 120g

캐슈너트 버터 20g

만들기

1 볼에 Ⓐ를 넣고 거품기로 잘 섞는다.

2 ①에 올리브오일을 넣고 잘 섞일 때까지 젓는다.

3 냉장고에 보관해 둔 코코넛오일을 칼로 잘게 자른다.

4 준비한 ②와 ③의 재료와 캐슈너트 버터를 모두 푸드 프로세서에 넣고 걸쭉한 버터 상태가 될 때까지 돌린다.

5 뚜껑이 있는 밀폐 용기에 넣어 냉장고에 하룻밤 식혀 굳힌다.

Tip 냉장고에서 2주간, 냉동실에서 1개월간 보관할 수 있다.

비건 코코넛 휘핑크림 Vegan coconut whipped cream

산뜻한 맛이 나는 휘핑크림. 팬케이크와 머핀, 파이 등에 다양하게 사용한다.
여름철 실온이 20℃를 넘을 때는 얼음물에 볼을 얹어 중탕해서 만든다. 이미
만든 휘핑크림을 다시 사용할 때는 거품기로 저어주면 다시 단단해진다.

재료

코코넛 크림 400g에서 유분만 150~200g

무가당 식물성 요거트 200g에서 수분 제거 후 75g

원당 20g

바닐라 익스트랙트 ½작은술

만들기

1 코코넛 크림은 상온에 두면 상층부는 유분, 하층부는 수분으로 분리된다. 냉장고에 하룻
   밤 이상 보관해서 굳어진 유분만 150~200g 정도 스푼
   으로 떠낸다.

2 ①과 나머지 재료를 모두 볼에 넣고 거품기로 충분히
   섞는다.

3 사진과 같이 뭉치지 않고 걸쭉해지면 완성이다.

코코넛 크림

맛있는 휘핑크림을 만드는 포인트는 코코넛 크림 선택에 있다. 유산균이 함유된 코코넛 크림
은 유분이 깨끗하게 분리되지 않아 크림화하기 어렵다. 따라서 점도증가제와 안정제가 함유
되어 있지 않은 제품을 선택하는 것이 좋다. 코코넛 크림의 지방 함량이 제품마다 다르므로
휘핑크림을 만들 때는 지방의 양이 20% 이상인 제품을 고르는 것이 좋다. 크림을 만들고 남
은 투명한 수분은 수프 또는 스무디 등에 활용하면 된다.

Part 1

아인 소프의 인기 메뉴 3

폭신폭신 팬케이크
깊고 진한 맛의 푸딩
자꾸만 먹고 싶은 티라미수

아인 소프를 대표하는 3가지 인기 디저트를 소개
합니다. 누구나 감탄하는 맛 그대로 집에서 쉽게
만들어 보세요.

Vegan

Pancake

폭신폭신 팬케이크

달걀을 사용하지 않고도 폭신폭신한 팬케이크를 만들 수 있어요. 아이스크림 스쿱으로 모양을 잡으면 도톰하면서 부드럽고 폭신하게 완성됩니다. 기호에 맞게 시럽을 살짝 뿌리면 더욱 맛있어요.

재료

10cm 크기 5 ~ 6장분

(A) 박력분 230g
　　 베이킹파우더 10g

(B) 두유 210mL
　　 원당 70g
　　 바닐라 익스트랙트 1작은술
　　 소금 조금

식물성 기름 30g

식물성 기름(구울 때 사용) 조금

비건 휘핑크림, 딸기, 민트, 원당 **적당량**

아이스크림 스쿱
아이스크림 스쿱을 사용하면 도톰하면서 폭신폭신한 팬케이크를 만들 수 있다. 지름 4cm의 아이스크림 스쿱을 사용하면 적당하다.

만들기

반죽 만들기

1 볼을 밑에 받쳐 두고 Ⓐ의 가루 재료를 체에 담아 거품기로 저으면서 내린다.

2 내린 가루를 한 번 더 잘 섞는다.

3 다른 볼에 Ⓑ를 넣고 거품기로 섞는다. 원당이 다 녹으면 식물성 기름을 넣고 한 번 더 잘 섞는다.

4 체에 내린 가루 재료를 ③에 넣고 뭉친 것이 없어질 때까지 잘 섞는다.

5 날가루가 보이지 않으면 완성이다.

팬에 굽기

6 팬에 식물성 기름을 조금 두르고 약한 불로 가열한다. 아이스크림 스쿱으로 반죽을 떠서 살짝 떨어뜨린다. (아이스크림 스쿱이 없을 때는 국자를 사용한다.)

7 뚜껑을 덮고 약한 불에 앞뒷면을 각각 3분씩 굽는다.

8 표면이 서서히 부풀어 오르면 뒤집어 노릇하게 굽는다. 다 되면 접시에 옮겨 담은 뒤 딸기와 휘핑크림 등을 곁들이고 원당을 뿌린다.

Tip 〕 팬케이크는 구워서 식힌 후 랩에 한 장씩 싸서 지퍼 백에 넣어 냉동실에 둔다. 이렇게 하면 1주일 정도 보관할 수 있다.

Vegan

Gluten Free

Pudding

깊고 진한 맛의 푸딩

달걀과 우유를 사용하지 않았는데도 깊고 진한 맛이 나는 푸딩입니다. 단호박을 넣어 푸딩의 색감
과 깊은맛을 냈어요. 캐러멜 소스는 여러 번 만들다 보면 기호에 맞는 농도를 찾을 수 있을 거예요.

재료

5cm 크기 푸딩 틀
6개분

캐러멜 소스

원당 50g
물 2큰술

푸딩 반죽

Ⓐ 두유 300mL
코코넛밀크 150mL
원당 40g
찐 단호박 1큰술
칡가루 8g
한천가루 1g
소금 조금

바닐라 익스트랙트 ½작은술

푸딩 틀
지름 5cm 크기의 틀을 사용해 앙증맞은 느낌이 든다. 조금 큰 틀을
사용해도 좋다.

만들기

캐러멜 소스 만들기

1 작은 냄비에 원당과 물 1큰술을 넣어 섞는다.

2 원당과 물이 겉돌지 않고 잘 섞이도록 젓는다. 냄비 벽면에 묻지 않도록 주의한다.

3 중간 불로 가열한다. 거품이 크게 일면서 끓다가 점점 갈색으로 변하기 시작하면 냄비를 살짝 흔들어 전체가 균일한 색이 되게 한다.

4 거품이 적어지고 적당한 색으로 변하면 불을 끈다.

5 물 1큰술을 넣고 섞어 캐러멜 색 농도를 맞춘다. 시럽이 튀면 화상을 입을 수 있으니 주의한다.

6 냄비를 흔들어 전체가 잘 섞이게 한 후 식기 전에 푸딩 틀에 부어 냉장고에 넣어 식힌다.

푸딩 반죽 만들어 굳히기

7 Ⓐ를 모두 냄비에 넣고 푸드 프로세서로 단호박과 칡가루를 갈아주면서 잘 섞는다.

8 ⑦을 중간 불에 올려 고무주걱이나 나무 주걱으로 저어가며 끓인다. 걸쭉한 농도가 되면 불을 끈 후 바닐라 익스트랙트를 넣고 섞는다.

9 캐러멜 소스를 부어 냉장고에 두었던 푸딩 틀에 ⑧의 반죽을 따른다. 6시간에서 12시간 냉장고에 넣어 굳힌다.

10 굳힌 푸딩의 가장자리를 손가락으로 살짝 눌러 틀에서 꺼낸다.

Tip   냉장고에 2일간 보관할 수 있다.

 *Tiramisu*

자꾸만 먹고 싶은 티라미수

깔끔해서 자꾸 먹고 싶어지는 맛, 두부와 코코넛밀크로 만든 비건 티라미수입니다. 맛의 비결은 간이 세지 않고 단맛이 있는 일본 흰 된장(시로 미소)입니다. 작은 용기에 1인분씩 만들어도 좋아요.

재료

18x12x5cm 용기
1개분

크림

(A) 무가당 식물성 요거트 1팩(400g) 수분 제거 후 150g

코코넛밀크 100g

연두부 100g

아가베시럽 50g

캐슈너트 버터 또는 피넛 버터 40g

코코넛오일(상온) 10g

일본 된장 20g

바닐라 익스트랙트 1작은술

커피 시럽

(B) 인스턴트 커피 2작은술

따뜻한 물 80mL

아가베시럽 20g

글루텐 프리 케이크 시트 1장 (34쪽 스펀지 케이크 참조. 시중에서 구입 가능)

코코아 파우더 **적당량**

만들기

크림 만들기

1 요거트는 키친타월에 싸서 체에 밭치고 누름돌을 올려 완전히 물기를 뺀다.

2 Ⓐ의 재료를 모두 푸드 프로세서에 넣고 곱게 간다.

커피 시럽 만들기

3 Ⓑ를 모두 섞어 식힌다.

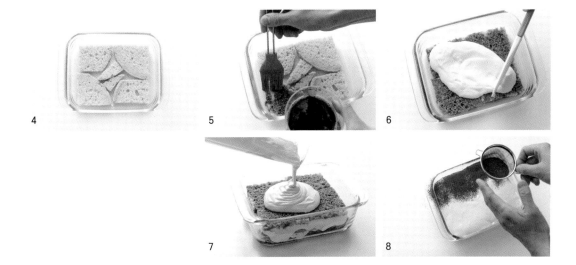

완성하기

4   케이크 시트를 적당한 크기로 잘라 용기 바닥에 깐다.

5   커피 시럽의 1/3을 고르게 펴 바른다.

6   크림의 1/3을 커피 시럽 위에 고르게 펴 올린다.

7   ④∼⑥ 과정을 2회 반복한다.

8   랩을 씌워 냉장고에서 3시간 이상 식힌다. 먹기 직전에 코코아 파우더
    를 고운 체에 내려 뿌린다.

Tip   냉장고에 다음날까지 보관할 수 있다.

Part 2

Cake 케이크

여기에 소개하는 레시피는 오랜 연구와 실험을 거쳐 완성된 비건 케이크입니다. 밀가루 대신 쌀가루를 사용하여 깊은 맛과 촉촉한 식감을 자랑합니다.

Rice flour sponge cake

쌀가루 쇼트케이크

섞기만 하면 간편하게 완성되는 쌀 케이크의 매력! 베이킹소다를 사용해 쉽고 빠르게 만들 수 있어요. 비건 휘핑크림도 듬뿍 올려 드세요.

재료
지름 15cm 원형 틀
1개분

Ⓐ 쌀가루 80g
오트밀 가루 40g
옥수수 녹말 15g
베이킹소다 1작은술

Ⓑ 두유 110mL
원당 40g
레몬즙 1큰술
바닐라 익스트랙트 ½작은술

식물성 기름 25g

비건 휘핑크림(17쪽 참조) **약 500g**

딸기 등 기호에 맞는 과일 **적당량**

준비하기

• 오븐은 180℃로 예열한다.

• 케이크 틀 안에 유산지를 깔고, 옆면에 도 유산지를 잘라 붙인다. 반죽을 조금 바르면 떨어지지 않는다.

바닥 분리형 원형 틀
바닥이 분리되는 원형 틀을 사용하면 편리하다. 케이크 틀 바닥을 분리시킨 후 유산지 위에 올려 놓고 틀을 따라 선을 그어 자른다. 옆면은 틀 높이보다 1~2cm 높게, 틀 둘레보다 2~3cm 길게 자른다.

만들기

반죽 만들기

1 볼을 밑에 받쳐 두고 ⒜의 가루 재료를 체에 담아 거품기로 저으면서 내린다.

2 내린 가루를 한 번 더 잘 섞는다.

3 다른 볼에 ⒝를 넣고 거품기로 섞는다. 원당이 다 녹으면 식물성 기름을 넣고 다시 한번 잘 섞는다.

4 체에 내린 가루 재료를 ③에 넣고 날가루가 없어질 때까지 잘 섞는다.

5 ④의 반죽을 사진과 같은 농도가 될 때까지 잘 섞는다.

6 ⑤의 반죽을 틀에 붓는다.

7

8

9

구워서 장식하기

7 틀을 가볍게 여러 번 바닥에 떨어뜨려 반죽이 고르게 퍼지도록 한 다음 180℃ 오븐에 20분 정도 굽는다. 꼬치로 찔러 반죽이 묻어 나오지 않으면 완성이다.

8 바닥 아래를 밀어 올려 케이크를 틀에서 빼내어 식힌다. 완성된 시트를 위아래로 이등분해 두 개의 시트로 만든 후 아래 시트 위에 휘핑크림을 바르고 과일을 슬라이스해서 올린다.

9 다른 한 장의 시트를 그 위에 올리고 휘핑크림을 바른 후 과일로 장식한다.

Vegan   Gluten Free

Oatmeal banana cake

오트밀 바나나 케이크

바삭한 크럼블을 얹은 고급스러운 바나나 케이크입니다. 반죽에 초콜릿 칩을 넣으면 풍미가 더욱 좋아져요. 다음 날에 먹을 경우 토스터에 살짝 데우면 맛이 살아납니다.

재료

17.5×8×5.5cm
파운드 틀 1개분

크럼블 (바나나 케이크 3개분)

(A) 오트밀 가루 50g
   아몬드가루 50g
   원당 50g
   소금 조금

코코넛오일(상온) 50g

바나나 케이크

(B) 쌀가루 85g
   아몬드가루 40g
   오트밀 가루 25g
   베이킹파우더 1작은술
   베이킹소다 ½작은술
   넛멕가루 ¼작은술
   시나몬가루 ¼작은술

바나나 110g

(C) 두유 90mL
   아가베시럽 80g
   식물성 기름 50g

준비하기

• 오븐은 180℃로 예열한다.
• 파운드 틀에 유산지를 깔아둔다. 유산지를 틀에 맞게 접어서 네 귀퉁이를 잘라내면 틀 옆면을 깔끔하게 처리할 수 있다.

파운드 케이크 틀
바나나 케이크 같은 파운드 케이크나 케이크 살레를 만들 때 사용한다.

만들기

크럼블 만들기

1 푸드 프로세서에 Ⓐ를 넣고 섞다가 코코넛오일을 추가해 다시 한번 섞는다. 반죽 상태가 사진처럼 푸슬푸슬하게 되면 완성이다.

2 반죽을 양손으로 쥐어 뭉쳐본다. 쉽게 부서지지만 뭉쳐진 모양이 조금 남는 정도면 된다.

Tip 크럼블은 밀폐 용기에 넣어 냉동실에 2주간 보관할 수 있다.

반죽 만들어 굽기

3 볼을 밑에 받쳐 두고 ®의 가루 재료를 체에 담아 거품기로 섞으면서 내린다. 내린 가루는 거품기로 다시 한번 섞는다.

4 다른 볼에 바나나를 넣고 포크로 으깬 후 ©를 넣고 거품기로 잘 섞는다.

5 ④에 ③의 가루 재료를 넣고 거품기로 섞은 후 바로 틀에 붓는다.

6 반죽 위에 크럼블을 듬뿍 올린다.

7 180℃ 오븐에서 30분 정도 굽는다. 꼬치로 찔러 반죽이 묻어 나오지 않으면 꺼내서 틀에서 빼낸 후 망에 올려 식힌다.

Tip 밀폐 용기에 담아 상온에서 하루 정도 보관한다. 바로 먹지 않을 경우 한 조각 씩 잘라 랩으로 싸서 지퍼 백에 넣어 냉동실에 두면 일주일간 보관할 수 있다.

Carrot cup cake

당근 케이크

시나몬 향이 가득한 촉촉한 당근 케이크입니다. 건포도나 호두를 넣어 구워도 아주 잘 어울려요.
크림 프로스팅은 먹기 직전에 올리면 풍미가 더해져요.

재료

지름 7cm 머핀 틀
6개분

(A)
쌀가루 100g
베이킹파우더 1작은술
베이킹소다 ½작은술
시나몬가루 1작은술
넛멕가루 ¼작은술
정향가루 ¼작은술
소금 조금

(B)
원당 50g
두유 60mL
사과식초 1작은술
바닐라 익스트랙트 ½작은술

채 썬 당근 100g
식물성 기름 50g
호두 적당량

프로스팅
무가당 식물성 요거트 1팩(400g)에서 수분 제거 후 150g
코코넛크림의 유분 100g
레몬즙 1큰술
원당 2큰술

준비하기

• 유산지를 12x12cm 크기의 정사각
  형으로 자른 뒤 컵으로 눌러 형태
  를 만들어 반죽을 붓기 쉽게 한다.

• 당근은 채칼을 이용해 갈고, 즙도
  함께 사용한다.

• 오븐은 170℃로 예열한다.

머핀 틀과 깍지
한 번에 6개씩 구울 수 있는 머핀 틀이다. 한 개씩 구울 수 있는 틀도
좋다. 크림을 짤 때 사용하는 짤주머니 깍지는 지름 1.2cm 정도 되는
것을 사용한다.

만들기

반죽하기

1 볼을 밑에 받쳐 두고 Ⓐ의 가루 재료를 체에 담아 거품기로 저으면서 내린다.

2 내린 가루를 한 번 더 잘 섞는다.

3 다른 볼에 Ⓑ를 붓고 원당이 다 녹을 때까지 잘 섞은 다음, 당근과 식물성 기름을 넣고 잘 섞는다.

4 체에 내린 가루 재료를 ③에 넣고 고무주걱으로 잘 섞는다.

5 베이킹소다와 사과식초를 섞으면 서로 반응해서 반죽이 부풀어 오른다.

틀에 담아 굽고 장식하기

6 반죽을 바로 틀에 넣고 170℃ 오븐에서 25~30분간 굽는다. 오븐에서
꺼내어 식힌 뒤 틀에서 빼낸다.

7 프로스팅 재료를 한데 넣고 걸쭉하게 될 때까지 거품기로 섞는다.
장식하기 전까지 냉장고에 보관한다.

8 ⑦을 짤주머니에 채워 넣은 후 구워낸 ⑥의 케이크 위에 짜 올려 장식
한다. 기호에 맞게 호두를 얹어 마무리한다.

Tip 케이크는 차가워지면 푸석푸석해질 수 있으므로 상온에서 보관한다. 다음날
까지 보관 가능하며, 크림은 먹기 직전에 올린다.

Vegan Gluten Free

Vegan cheesecake

비건 치즈 케이크

식물성 요거트와 두유로 이렇게 감동적인 맛을 낼 수 있다니! 쉽고 간단한 비건 치즈 케이크 레시피를 소개합니다.

재료
지름 15cm 원형 틀
1개분

크러스트

Ⓐ 쌀가루 50g
    원당 30g
    아몬드가루 30g
    녹말가루 10g

식물성 기름 **2큰술**
두유 **1큰술**

필링

Ⓑ 연두부 1팩(200g)에서 수분 제거 후 150g
    무가당 식물성 요거트 1팩(400g)에서
    수분 제거 후 150g
    코코넛밀크(상온) 100mL
    원당 80g
    메이플시럽 50g
    옥수수 녹말 30g
    일본 된장 10g
    코코넛오일(상온) 20g
    레몬즙 10g
    바닐라 익스트랙트 10g
    소금 **조금**

준비하기

• 케이크 틀 안에 유산지를 깔고, 옆면에도 유산지를 잘라 붙인다. 반죽을 조금 바르면 떨어지지 않는다.

• 오븐은 180℃로 예열한다.

• 코코넛밀크가 굳은 상태라면 중탕으로 녹인다. 캔을 따뜻한 물에 담가 흔들어주면 된다.

바닥 분리형 원형 틀
바닥이 분리되는 원형 틀을 사용하면 편리하다. 케이크 틀 바닥을 분리시킨 후 유산지 위에 올려 놓고 틀을 따라 선을 그어 자른다. 옆면은 틀 높이보다 1~2cm 높게, 틀 둘레보다 2~3cm 길게 자른다.

만들기

크러스트 만들기

1 볼을 밑에 받쳐 두고 Ⓐ의 가루 재료를 체에 담아 거품기로 저으면서 내린다. 내린 가루를 한 번 더 잘 섞는다.

2 다른 볼에 식물성 기름과 두유를 넣고, 서로 잘 섞일 때까지 거품기로 잘 저어준다.

3 ②에 ①의 가루 재료를 넣고 고무주걱으로 섞는다. 볼의 바닥에서 위로 반죽을 뒤집어가며 여러 번 섞는다.

4 반죽이 사진과 같은 상태가 되면 완성이다.

5 원형 케이크 틀에 반죽을 넣고 스푼으로 눌러가며 평평하게 펴준다. 170℃ 오븐에서 30분 정도 구워 크러스트를 완성한다.

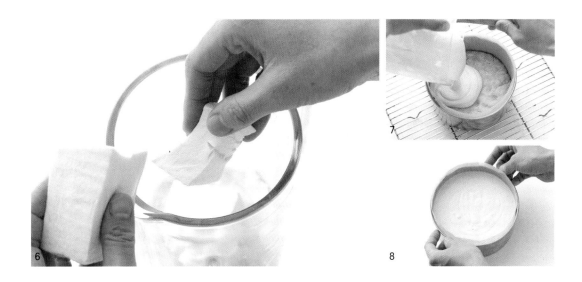

필링 만들고 굽기

6 푸드 프로세서에 Ⓑ의 필링 재료를 모두 넣고 걸쭉해질 때까지 돌린다.

7 초벌구이를 한 크러스트에 ⑥을 붓고 공기가 빠지도록 틀을 바닥에 가볍게 여러 번 떨어뜨린다.

8 180℃ 오븐에서 35분 정도 굽는다. 식으면 틀에서 꺼내어 냉장고에서 반나절 이상 식힌다.

Tip 냉장고에서 3일간 보관할 수 있다. 사흘째가 되면 한층 더 맛이 좋아진다.

Part 3

Cookie 쿠키

아인 소프에서 큰 인기를 끌고 있는 쿠키입니다.
다양한 쿠키 중에서 나만의 최애 쿠키를 찾아
만들어 보세요. 가정에서도 쉽게 만들 수 있는
오리지널 레시피입니다.

Vegan Gluten Free *Brown rice sable*

현미 사브레

자꾸만 손이 가는 맛있는 사브레 쿠키입니다. 반죽이 부드러워 부서지기 쉬우니 틀에서 그대로 식힌 후 굳어지면 꺼내는 것이 좋아요.

재료
크기에 따라 갯수 조절

(A) 현미가루 110g
아몬드가루 60g
원당 55g
녹말가루 15g
베이킹파우더 2g
소금 조금

(B) 코코넛오일(상온) 90g
두유 2큰술

준비하기

• 오븐은 170℃로 예열한다.
• 코코넛오일은 따뜻한 물에 중탕으로 녹인다.

꽃 모양 쿠키 틀
쿠키 틀은 모양이 다양하니 용도와 기호에 따라 선택한다.

만들기

1 볼을 밑에 받쳐 두고 Ⓐ의 가루 재료를 체에 담아 거품기로 저으면서 내린다. 내린 가루를 거품기로 다시 한번 섞는다.

2 다른 볼에 코코넛오일과 두유를 넣고 거품기로 기름이 잘 섞일 때까지 젓는다.

3 ②에 ①의 반죽을 넣고 고무주걱으로 섞는다.

4 반죽을 작업대 위에 올려 놓고 유산지로 덮은 후 약 7mm 두께가 되도록 밀대로 민다.

5 유산지를 걷어낸 후 쿠키 틀로 모양을 찍는다.

6 찍어낸 쿠키를 떼어내지 않은 상태 그대로 위에 유산지를 덮어 냉장고에 30분간 휴지시킨다.

7 반죽이 굳으면 찍어낸 쿠키를 살짝 떼어내 오븐 팬에 올린다. 남은 반죽은 다시 뭉쳐서 ④~⑥을 반복한다. 손으로 작게 뭉쳐서 펴줘도 좋다.

8 170℃ 오븐에서 13분 정도 굽는다. 중간에 오븐 팬을 꺼내 위치를 바꿔 굽는다. 구운 후에는 완전히 식힌다.

Cashew nuts chocolate cookie

캐슈너트 초콜릿 쿠키

바삭한 캐슈너트와 초콜릿의 조화가 잘 어울리는 쿠키입니다. 반죽이 끈적끈적해 손에 묻기 쉬우니
아이스크림 스쿱을 사용해 모양을 만들면 편리해요.

재료

10개분

A 쌀가루 60g
오트밀 가루 50g
베이킹파우더 ½작은술

B 캐슈너트 버터(또는 피넛 버터) 70g
원당 50g
두유 3큰술

C 초콜릿 칩 50g
캐슈너트 30g
소금 조금

준비하기

- 오븐은 170℃로 예열한다.
- 오븐 팬에 유산지를 깐다.
- 캐슈너트를 잘게 자른다.

아이스크림 스쿱
드롭 쿠키 반죽을 떠낼 때 아이스크림 스쿱을 사용하면 달라
붙지 않아서 좋다.

만들기

1   볼을 밑에 받쳐 두고 Ⓐ의 가루 재료를 체에 담아 거품기로 저으면서 내린다. 내린 가루를 거품기로 다시 한번 섞는다.

2   다른 볼에 Ⓑ를 넣고 걸쭉해질 때까지 거품기로 젓는다.

3   ②에 ①의 가루 재료와 Ⓒ를 넣고 날가루가 없어질 때까지 섞는다.

4   반죽을 10등분해서 둥글게 뭉쳐 오븐 팬에 올린다. 반죽이 손에 달라붙기 쉬우니 아이스크림 스쿱을 사용해서 떠내면 좋다.

5   손가락에 물을 살짝 묻힌 후 손가락 자국을 남기듯이 눌러 1cm 정도의 두께로 만든다.

6   170℃ 오븐에서 15분 정도 굽는다. 중간에 오븐 팬을 꺼내 위치를 바꿔 굽는다. 구운 후에는 완전히 식힌다.

Tip ╱   상온에서 2주간 보관할 수 있다.

5

Vegan | Gluten Free | *Pumpkin oatmeal cookie*

단호박 오트밀 쿠키

단호박의 달콤한 맛이 어우러져 촉촉한 식감을 자랑하는 쿠키입니다. 밀가루를 사용하지 않고 오트밀 가루와 단호박만으로 만들어 더욱 건강하고 맛있어요.

재료
9개분

단호박 100g

Ⓐ 메이플시럽 2큰술
    식물성 기름 2큰술
    소금 조금

오트밀 가루 70g
시나몬가루 ½작은술
호박씨 20g
건포도 20g

준비하기

- 오븐은 160℃로 예열한다.
- 오븐 팬에 유산지를 깐다.

만들기

1 단호박은 적당히 잘라 씨를 빼낸 후 껍질째 쪄서 으깬다.

2 으깬 단호박에 Ⓐ를 넣고 고무주걱으로 잘 섞어 단호박을 더욱 부드럽게 만든다.

3 ②에 오트밀 가루와 시나몬가루를 넣고 날가루가 없어질 때까지 잘 섞는다. 건포도와 호박씨를 넣고 다시 섞는다.

4 반죽을 9등분해서 둥글게 뭉친 다음, 손으로 납작하게 눌러 오븐 팬에 올린다.

5 160℃ 오븐에서 20분 정도 굽는다. 중간에 오븐 팬을 꺼내 위치를 바꿔 굽는다. 구운 후에는 완전히 식힌다.

Tip / 냉장고에서 1주간 보관할 수 있다.

Vegan

Peanut butter cookie

피넛 버터 쿠키

고소한 땅콩 향이 가득한 소박한 쿠키입니다. 집에 있는 재료로 손쉽게 만들 수 있는 것이 장점이죠. 약간의 소금이 쿠키의 맛을 한층 더 끌어올려 줍니다.

재료
10개분

(A) 박력분 140g
베이킹파우더 ½작은술
소금 조금

(B) 원당 80g
피넛 버터(무가당) 50g
두유 40mL
식물성 기름 30g

준비하기

• 오븐은 170℃로 예열한다.
• 오븐 팬에 유산지를 깐다.

만들기

1 볼을 밑에 받쳐 두고 Ⓐ의 가루 재료를 체에 담아 거품기로 저으면서 내린다. 내린 가루를 거품기로 다시 한번 섞는다.

2 다른 볼에 Ⓑ를 넣고 거품기로 잘 섞는다.

3 ②에 ①을 넣고 날가루가 없어질 때까지 고무주걱으로 잘 섞는다.

4 반죽을 10등분해서 둥글게 뭉친 다음 오븐 팬에 올리고 포크 등으로 살짝 눌러준다.

5 170℃ 오븐에서 14~15분간 굽는다. 중간에 오븐 팬을 꺼내 위치를 바꿔 굽는다. 구운 후에는 완전히 식힌다.

Tip / 상온에서 2주간 보관할 수 있다.

Vegan

Chocolate walnut cookie

초콜릿 호두 쿠키

코코아, 초콜릿, 호두가 어우러진 익숙하면서도 맛있는 조합의 쿠키입니다. 아몬드 밀크를 넣어 겉은 바삭하고 속은 촉촉해요. 반죽을 너무 오래 치대면 딱딱해질 수 있으니 주의하세요.

재료
10개분

Ⓐ 박력분 110g
　코코아가루 20g
　아몬드가루 20g
　베이킹파우더 1g

Ⓑ 원당 100g
　아몬드 밀크 40mL
　식물성 기름 50g

초콜릿 칩 50g
구운 호두 30g

준비하기

- 오븐은 180℃로 예열한다.
- 오븐 팬에 유산지를 깐다.
- 호두 4조각 정도를 손으로 부순다.

만들기

1 볼을 밑에 받쳐 두고 Ⓐ의 가루 재료를 체에 담아 거품기로 저으면서 내린다. 내린 가루를 거품기로 다시 한번 섞는다.

2 다른 볼에 Ⓑ를 넣고 거품기로 잘 섞는다.

3 ②에 ①의 가루 재료를 넣고 고무주걱으로 잘 섞는다. 가루가 반 정도 남았을 때 호두와 초콜릿 칩을 넣고 한 번 더 섞는다. 반죽을 너무 오래 치대지 않도록 주의한다.

4 반죽을 10등분해서 둥글게 뭉친 후 손으로 납작하게 눌러 오븐 팬에 올린다.

5 180℃ 오븐에서 11∼14분간 굽는다. 중간에 오븐 팬을 꺼내 위치를 바꿔 굽는다. 구운 후에는 완전히 식힌다.

Tip / 상온에서 2주간 보관할 수 있다.

3

Vegan

Lemon cookie

레몬 쿠키

녹말가루와 아몬드가루가 들어가 한입 깨물면 입 안에서 바사삭 부서져요. 레몬 껍질과 레몬즙을
듬뿍 넣어 입 안에 넣는 순간 상큼함을 느낄 수 있습니다.

재료
15개분

Ⓐ 박력분 90g
　　녹말가루 30g
　　아몬드가루 10g

레몬 ½개

Ⓑ 원당 50g
　　두유 2큰술

코코넛오일(상온) 60g

준비하기

- 오븐은 160℃로 예열한다.
- 오븐 팬에 유산지를 깐다.
- 코코넛오일은 따뜻한 물에 중탕으로 담가 살짝 녹인다.
- 레몬은 깨끗이 씻어 소금물이나 식촛물에 담가 둔다.

별 모양 깍지
짤주머니에 별 모양 깍지를 끼워 사용한다.

만들기

1 볼을 밑에 받쳐 두고 Ⓐ의 가루 재료를 체에 담아 거품기로 저으면서 내린다. 내린 가루를 거품기로 다시 한번 섞는다.

2 레몬을 깨끗이 씻어 물기를 잘 닦은 후 껍질 표면의 노란 부분만 강판으로 간다. 레몬 과육은 즙을 짜고 씨를 거른다.

3 다른 볼에 ②와 Ⓑ를 넣고 거품기로 섞는다. 원당이 다 녹으면 코코넛 오일을 넣고 고루 섞일 때까지 잘 젓는다.

4 ③에 ①의 가루 재료를 넣고 멍울이 없어질 때까지 고무주걱으로 잘 섞는다.

5 별 모양 깍지를 끼운 짤주머니에 ④의 반죽을 넣고 유산지를 깐 오븐 팬 위에 2cm 간격을 두어가며 모양을 짠다.

6 160℃ 오븐에서 20분 정도 굽는다. 중간에 오븐 팬을 꺼내 위치를 바꿔 굽는다. 오븐 온도를 150℃로 낮춰 3~4분간 더 굽는다. 구운 후에는 완전히 식힌다.

Tip) 상온에서 2주간 보관할 수 있다.

5-a. 깍지를 이리저리 움직이지 않고 한번에 짠다.

5-b. 역 S자 모양이 되도록 짠다.

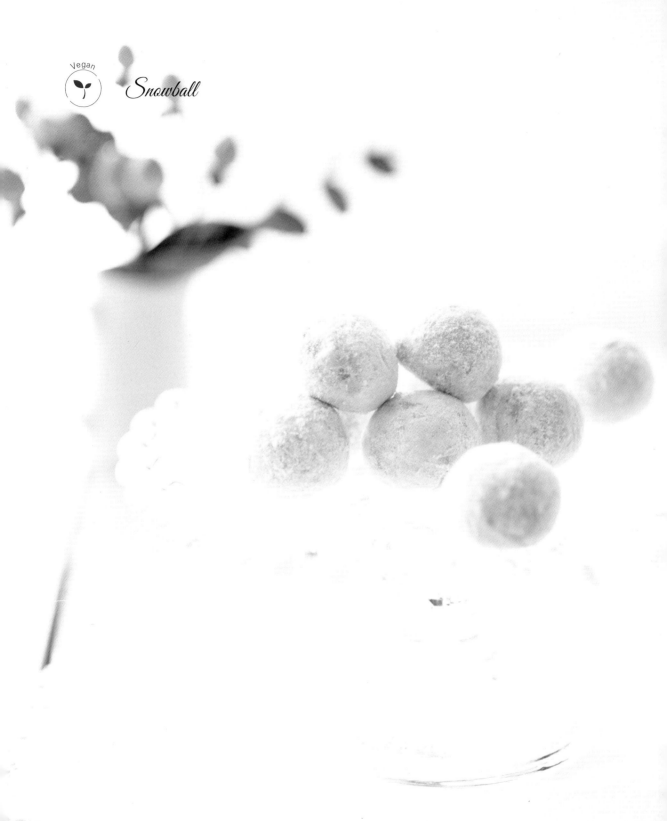

스노볼

슈거파우더를 듬뿍 뿌려 흰 눈뭉치와도 같은 쿠키입니다. 바사삭 부서지며 사르르 녹는 맛이 매력이죠. 반죽을 뚝뚝 끊어질 때까지 충분히 치대는 것이 바삭한 식감을 살릴 수 있는 포인트입니다.

재료
26개분

Ⓐ 박력분 100g
아몬드가루 25g
녹말가루 25g
베이킹파우더 ½작은술

Ⓑ 원당 50g
두유 15mL
소금 조금

코코넛오일(상온) 45g
원당 적당량

준비하기

• 오븐은 150℃로 예열한다.

• 오븐 팬에 유산지를 깐다.

• 코코넛오일은 따뜻한 물에 중탕으로 담가 살짝 녹인다.

만들기

1 볼을 밑에 받쳐 두고 Ⓐ의 가루 재료를 체에 담아 거품기로 저으면서 내린다. 내린 가루를 거품기로 다시 한번 섞는다.

2 다른 볼에 Ⓑ를 넣고, 거품기로 섞는다. 원당이 다 녹으면 코코넛오일을 넣고 잘 섞일 때까지 젓는다.

3 ②에 ①의 가루 재료를 넣고 고무주걱으로 가루가 없어질 때까지 잘 섞는다.

4 반죽을 10g씩 계량해서 동그랗게 뭉쳐 오븐 팬에 올린다.

5 150℃ 오븐에서 15분 정도 굽는다. 중간에 오븐 팬을 꺼내 위치를 바꿔 굽는다. 10분 정도 더 굽고 망에 옮겨 식힌다.

6 원당을 듬뿍 뿌려 마무리한다.

Tip / 상온에서 2주간 보관할 수 있다.

Part 4

Baked Sweets 구움 과자

머핀과 스콘, 파이, 브라우니 등 아인 소프의
매력을 느낄 수 있는 구움 과자를 소개합니다.
간단하지만 특별한 순간을 완성해 줄 다양한
구움 과자 레시피입니다.

Plain muffin

플레인 머핀

가장 간단하고 만들기 아주 쉬운 플레인 머핀입니다. 플레인 반죽에 다양한 재료를 추가해 배리에 이션을 즐길 수 있어요.

재료

지름 7cm 머핀 틀
6개분

Ⓐ 쌀가루 110g
아몬드가루 60g
오트밀 가루 40g
베이킹파우더 1작은술
베이킹소다 ¼작은술

Ⓑ 두유 160mL
원당 90g
사과식초 1작은술
바닐라 오일 ½작은술

식물성 기름 40g
원당 **적당량**

준비하기

- 오븐은 180℃로 예열한다.
- 유산지를 12x12cm 크기의 정사각형으로 잘라 머핀 틀 안에 넣는다.

만들기

1 볼을 밑에 받쳐 두고 ⒶDML 가루 재료를 체에 담아 거품기로 저으면서 내린다. 내린 가루를 거품기로 다시 한번 섞는다.

2 다른 볼에 Ⓑ를 넣고 거품기로 섞는다. 원당이 다 녹으면 식물성 기름을 넣고 고루 섞일 때까지 젓는다.

3 ②에 ①을 넣고 가루가 없어질 때까지 고무주걱으로 잘 섞는다.

4 반죽을 머핀 틀에 넣고 원당을 듬뿍 뿌린다. 바로 반죽이 부풀어 오르니 서둘러 뿌려야 한다.

5 180℃ 오븐에서 10분 정도 굽는다. 오븐 팬을 꺼내어 위치를 바꾸고, 10분 정도 더 굽는다.

Raspberry muffin

라즈베리 크럼블 머핀

입 안에서 톡 터지며 씹히는 상큼한 라즈베리가 매력입니다. 색감이 예쁘고 화려해서 선물용으로 만들면 좋아요.

재료

지름 7cm 머핀 틀
6개분

(A) 쌀가루 110g
아몬드가루 60g
오트밀 가루 40g
베이킹파우더 1작은술
베이킹소다 ¼작은술

(B) 두유 160mL
원당 90g
사과식초 1작은술
바닐라 오일 ½작은술

식물성 기름 40g

라즈베리 150g

크럼블
오트밀 가루 25g
아몬드가루 25g
원당 25g
소금 조금

준비하기

- 오븐은 180℃로 예열한다.
- 유산지를 12x12cm 크기의 정사각형으로 잘라 머핀 틀 안에 넣는다.

만들기

1 볼을 밑에 받쳐 두고 Ⓐ의 가루 재료를 체에 담아 거품기로 저으면서 내린다. 내린 가루를 거품기로 다시 한번 섞는다.

2 다른 볼에 Ⓑ를 넣고 거품기로 섞는다. 원당이 다 녹으면 식물성 기름을 넣고 고루 섞일 때까지 젓는다.

3 ②에 ①을 넣고 가루가 없어질 때까지 고무주걱으로 잘 섞는다.

4 반죽에 라즈베리를 넣고(18개 정도는 장식용으로 남겨둔다) 고무주걱으로 가볍게 섞은 뒤 곧바로 머핀 틀에 넣는다.

5 남겨둔 라즈베리를 3개씩 올리고 그 위에 크럼블을 듬뿍 올려 180℃ 오븐에서 10분간 굽는다. 오븐 팬을 꺼내어 위치를 바꿔주고, 10분 정도 더 굽는다.

크럼블 만들기

1 푸드 프로세서에 Ⓐ를 넣고 섞다가 코코넛오일을 추가해 다시 한번 섞는다. 반죽 상태가 사진처럼 푸슬푸슬하게 되면 완성이다.

2 반죽을 양손으로 쥐어 뭉쳐본다. 쉽게 부서지지만 뭉쳐진 모양이 조금 남는 정도면 된다.

Tip / 크럼블은 밀폐 용기에 넣어 냉동실에 2주간 보관할 수 있다.

말차 머핀

한입 맛보는 순간 말차의 향이 입 안에 가득 퍼진답니다. 말차가루에 원당과 두유를 섞어서 아이싱을 만들어 부드러운 말차 맛을 즐길 수 있어요.

재료

지름 7cm 머핀 틀
6개분

Ⓐ 쌀가루 110g
아몬드가루 60g
오트밀 가루 40g
베이킹파우더 1작은술
베이킹소다 ¼작은술
말차가루 10g

Ⓑ 두유 160mL
원당 90g
사과식초 1작은술
바닐라 오일 ½작은술

식물성 기름 40g

말차 아이싱

원당 50g
두유(또는 물) 10mL
말차가루 2g

준비하기

- 오븐은 180℃로 예열한다.
- 유산지를 12x12cm 크기의 정사각형으로 잘라 머핀 틀 안에 넣는다.

만들기

1 볼을 밑에 받쳐 두고 Ⓐ의 가루 재료를 체에 담아 거품기로 저으면서 내린다. 내린 가루를 거품기로 다시 한번 섞는다.

2 다른 볼에 Ⓑ를 넣고 거품기로 섞는다. 원당이 다 녹으면 식물성 기름을 넣고 잘 섞일 때까지 젓는다.

3 ②에 ①을 넣고 가루가 없어질 때까지 고무주걱으로 잘 섞는다.

4 반죽을 머핀 틀에 넣고 180℃ 오븐에서 약 10분간 굽는다. 오븐 팬을 꺼내어 위치를 바꾸고, 10분 정도 더 굽는다.

5 원당과 말차가루를 잘 섞은 후 두유를 넣고 다시 잘 저어 말차 아이싱을 만든다.

6 머핀이 식으면 ⑤의 말차 아이싱을 스푼으로 떠서 뿌린다.

Pumpkin muffin

단호박 머핀

단호박을 껍질째 적당히 으깨서 넣어 씹는 맛과 건강까지 챙긴 머핀입니다. 호두는 굵게 부숴 넣어야 고소한 제맛을 느낄 수 있어요.

재료

지름 7cm 머핀 틀
6개분

껍질째 찐 단호박 170g

메이플시럽 2큰술

Ⓐ 쌀가루 110g

아몬드가루 60g

오트밀 가루 40g

베이킹파우더 1작은술

베이킹소다 ¼작은술

Ⓑ 두유 160mL

원당 90g

사과식초 1작은술

바닐라 오일 ½작은술

식물성 기름 40g

굵게 부순 호두 20g

준비하기

- 오븐은 180℃로 예열한다.
- 유산지를 12x12cm 크기의 정사각형으로 잘라 머핀 틀 안에 넣는다.

만들기

1 껍질째 찐 단호박은 포크로 적당히 으깬 후 메이플시럽을 넣고 잘 섞어준다.

2 볼을 밑에 받쳐 두고 Ⓐ의 가루 재료를 체에 담아 거품기로 저으면서 내린다. 내린 가루를 거품기로 다시 한번 섞는다.

3 다른 볼에 Ⓑ를 넣고 거품기로 섞는다. 원당이 다 녹으면 식물성 기름을 넣고 잘 섞일 때까지 젓는다.

4 ③에 ②를 넣고 가루가 없어질 때까지 고무주걱으로 잘 섞는다.

5 ④의 반죽에 준비해둔 ①의 으깬 단호박을 넣고 고무주걱으로 가볍게 섞는다. 완전히 섞지 않아도 된다.

6 곧바로 머핀 틀에 넣고 부순 호두를 뿌린 후 180℃ 오븐에서 약 10분간 굽는다. 오븐 팬을 꺼내어 위치를 바꾸고, 10분 정도 더 굽는다.

5-a

5-b

Vegan　Gluten Free

Oatmeal chocolate chip scone

오트밀 초코칩 스콘

박력분 대신 쌀가루와 오트밀 가루를 사용해 건강하고 촉촉한 맛을 느낄 수 있어요. 초콜릿 칩은
기호에 맞게 조절하고, 비건 휘핑크림과 함께 드시면 더 맛있습니다.

재료

6개분

(A) 아몬드 밀크 30mL
메이플시럽 30g
코코넛오일(상온) 1큰술

(B) 오트밀 가루 70g
쌀가루 30g
베이킹파우더 1작은술

초콜릿 칩 **적당량**

비건 휘핑크림 **적당량**

준비하기

- 오븐은 180℃로 예열한다.
- 오븐 팬에 유산지를 깐다.
- 코코넛오일은 따뜻한 물에 중탕으로 담가 살짝 녹인다.

만들기

1 볼에 Ⓐ를 넣고 오일이 잘 섞일 때까지 거품기로 저어준다.

2 ①에 Ⓑ의 가루 재료를 넣고 고무주걱으로 가볍게 섞는다. 초콜릿 칩을 넣고 한 번 더 섞은 후 둥글게 모양을 잡는다.

3 오븐 팬에 유산지 깔고 반죽을 올려 지름 12cm 정도 되는 두툼한 원형을 만든 다음 방사형으로 6등분해서 나눈다.

4 180℃ 오븐에서 15∼20분간 굽는다. 중간에 오븐 팬을 꺼내서 위치를 바꿔 굽는다.

Tip ╱ 냉동실에 1주일간 보관할 수 있다.

3-a

3-b

Vegan

Apple pie

애플 파이

사과를 설탕에 조리지 않고 사용해 소박하고 건강한 맛이 나는 파이입니다. 반죽을 냉장고에서
잠시 숙성시키면 구울 때 반죽이 줄어드는 것을 막을 수 있어요.

재료

지름 23cm 파이 틀
1개분

파이 반죽

(A) 박력분 100g
  호밀가루 40g
  녹말가루 10g

코코넛오일(냉장) 40g
냉수 38mL
소금 1g

아몬드크림

(B) 원당 30g
  두부 20g
  바닐라 익스트랙트 1작은술

코코넛오일(상온) 40g

(C) 아몬드가루 20g
  박력분 20g
  베이킹파우더 ⅔작은술
  시나몬가루 ¼작은술

사과 3개
원당 **적당량**

준비하기

• 파이 반죽용 코코넛오일은 냉장고에서
  굳혀 사방 1cm 크기로 깍둑썰기 한다.
• 아몬드크림용 코코넛오일은 따뜻한 물
  에 중탕으로 살짝 녹인다.

만들기

파이 반죽 만들기

1 푸드 프로세서에 Ⓐ를 넣고 돌린다.

2 깍둑썰기 한 코코넛오일을 ①에 넣고 몇 초간 잘게 부순다.

3 냉수에 소금을 녹여 ②에 넣고 몇 초간 갈아준다.

4 볼에 반죽을 옮겨 고무주걱으로 눌러가며 다진다. 다져지면 반 나눠 다시 포개고 누르기를 반복하며 반죽한다.

5 반죽을 랩으로 싸서 냉장고에 1시간 정도 휴지시킨다.

6 반죽을 꺼내어 유산지로 덮고 밀대로 파이 틀보다 조금 크게 민다.

7-a

7-b

7-c

7 반죽을 밀대에 감아서 파이 틀로 옮겨 밀착시킨다. 가장자리는 잘라내고 손가락으로 모양을 다듬은 후 포크로 바닥에 구멍을 낸다.

8 냉장고에서 1시간 이상 휴지시킨다.

아몬드크림 만들기

9 푸드 프로세서에 ⓑ를 넣고 갈아 크림 상태로 만든다. 녹인 코코넛오일을 넣고 다시 한번 갈아준다.

10 ⑨에 ⓒ를 넣고 가루가 없어질 때까지 갈아 아몬드크림을 완성한다.

만들기

완성하기

12 파이 반죽에 아몬드크림을 고르게 펴 바른다.

13 사과는 심지 부분을 제거하고 껍질을 벗긴 후 2mm 두께로 썬다.

14 아몬드크림 위에 사과를 일정한 간격으로 가지런히 올린다.

15 180℃ 오븐에서 50분 정도 굽는다. 오븐 팬을 꺼내어 위치를 바꾸고, 10분 정도 더 굽는다. 식힌 다음 원당을 체에 쳐서 뿌려 완성한다.

Tip ⁾ 랩에 싸서 냉장고에서 2일간 보관할 수 있다.

Vegan

Pumpkin pie

단호박 파이

가지런한 격자 형태의 파이 속에 단호박이 듬뿍 들어 있어요. 단호박에 따라서 단맛과 수분량이
다르니 취향에 맞게 단맛을 조절해 주세요.

재료

지름 18cm 파이 틀
1개분

파이 반죽

(A) 박력분 200g
호밀가루 40g
녹말가루 20g

코코넛오일(냉장) 80mL
냉수 80mL
소금 2g

필링

(B) 단호박 340g
두유 100mL
코코넛밀크 100mL
메이플시럽 60g
옥수수 녹말 3작은술

두유 **적당량**
아가베시럽 **적당량**

준비하기

• 오븐은 180℃로 예열한다.

만들기

1 파이 반죽은 애플 파이와 같은 방법으로 만든다(90쪽 참조). 완성된 반죽을 2등분해서 각각 랩에 싼 후 냉장고에서 1시간 휴지시킨다.

2 단호박은 씨를 빼고 적당한 크기로 잘라 찜통에 30분 정도 부드럽게 찐다. 껍질은 벗기거나 그대로 사용해도 된다.

3 찐 단호박과 나머지 ⓑ의 재료를 푸드 프로세서에 넣고 부드러운 페이스트 상태가 될 때까지 간다.수분이 많은 단호박일 경우 두유의 양을 줄여 점도를 조절한다.

4 ①의 반죽 2장을 냉장고에서 꺼내서 밀대로 민다. 유산지를 덮은 채 밀대로 밀어 파이 틀보다 조금 크게 만든다.

5 1장은 파이 틀에 깔아 준 후 랩으로 싼다. 나머지 1장은 1.5cm 폭으로 잘라 랩으로 싸서 다시 냉장고에서 1시간 휴지시킨다.

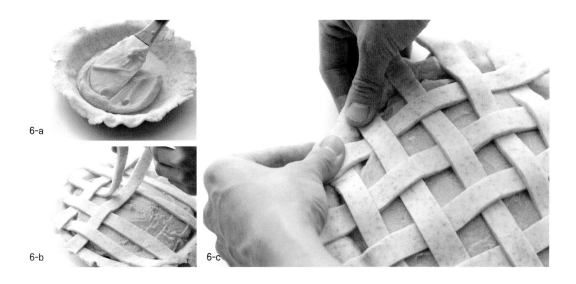

6-a

6-b

6-c

6 ⑤의 파이 틀에 ③의 필링을 올리고 고르게 펴준 후, 1.5cm 폭으로 자른 반죽을 격자로 올린다. 반죽 가장자리에 두유를 바르고 눌러 붙인다.

7 180℃ 오븐에서 35~40분간 굽는다. 중간에 오븐 팬을 꺼내어 위치를 바꿔 굽는다. 구운 후 망에 올려 완전히 식힌 다음 아가베시럽을 붓으로 발라 완성한다.

Tip 랩에 싸서 냉장고에 두면 2일간 보관할 수 있다. 먹기 전에 다시 데운다.

Vegan　Gluten Free　*Mont blanc*

몽블랑

밤을 주재료로 만드는 몽블랑은 프랑스의 몽블랑 산처럼 크림을 쌓아올린 게 특징입니다. 시판 단밤을 사용하면 간단하게 만들 수 있어요. 사브레나 머핀에 듬뿍 올려 드세요.

재료

2개분

마롱 크림

(A) 단밤(시판 제품) 160g
두유 40mL
메이플시럽 30g

현미 사브레 2개

단밤 2개

 몽블랑 깍지
작은 구멍이 여러 개 있는 지름 1.5cm의 몽블랑 깍지를 사용한다.

만들기

1   푸드 프로세서에 Ⓐ 재료를 모두 넣고 돌려 마롱 크림을 만든다.

2   페이스트 상태가 되면 고운 체에 내린다.

3   몽블랑 깍지를 끼운 짤주머니에 ②의 마롱 크림을 넣는다.

4   현미 사브레 중앙에 단밤을 올리고 마롱 크림을 소복이 짠다. 세로로 짜서 채워준 다음 가로로 짜준다. 이 방법을 2회 반복한다.

5   양손으로 옆을 살짝 눌러 모양을 가다듬는다.

Tip   크림은 냉장고에서 3일간 보관할 수 있다.

Tip / **몽블랑 머핀 만들기**
76쪽에서 소개한 플레인 머핀 위에 마롱 크림을 올려도
좋다. 머핀 위에 마롱 크림을 올릴 때는 밑에서부터 동그랗
게 짜 올려서 소용돌이 모양을 만든다.

브라우니

오븐에 굽지 않고도 완벽한 맛의 브라우니가 탄생했어요. 설탕 대신 대추야자와 메이플시럽을 넣어 자연스러운 단맛을 즐길 수 있습니다. 단단한 식감을 원하면 냉동실에 하룻밤 넣어 두세요.

재료

14x20x3cm 용기
1개분

브라우니

(A) 호두 150g

대추야자(씨 제거 후) 200g

코코아가루 30g

초콜릿 소스

(B) 코코넛오일(상온) 30g

메이플시럽 30g

바닐라 익스트랙트 1작은술

코코아가루 10g

코코넛 슬라이스 **적당량**

준비하기

• 대추야자는 씨를 제거한다. 따뜻한 물에 10분 정도 담가두면 씨가 쉽게 분리된다. 씨를 제거한 후 물기를 닦고 사용한다.

• 코코넛오일은 따뜻한 물에 중탕으로 담가 살짝 녹인다.

• 용기에 유산지를 깐다.

사각 용기

사각 용기를 사용한다. 납작한 용기일수록 만들기 쉽다. 뚜껑이 있는 용기라면 그대로 보관할 수 있어서 편리하다.

만들기

1 푸드 프로세서에 Ⓐ의 호두를 반만 넣고 나머지 재료를 모두 넣어 곱게 간다.

2 남겨둔 호두를 모두 넣고 호두 알갱이가 팥알 크기 정도가 될 때까지 돌린다.

3 ②를 용기에 옮겨 담고 스푼으로 평평하게 누른다.

4 볼에 Ⓑ를 넣고 거품기로 저어 고루 섞는다. 코코아가루를 넣고 부드러운 상태가 될 때까지 더 젓는다.

5 ③에 ④의 초콜릿 소스를 붓고 코코넛 슬라이스를 뿌린 다음 뚜껑을 덮어 냉동실에 30분~1시간 두어 차갑게 굳힌다.

6 적당한 크기로 잘라서 접시에 담는다.

Tip 〉 냉장고에서 1주간 보관할 수 있다.

4

5

Vegan

Gluten Free

Oatmeal granola bar

오트밀 그래놀라 바

아몬드와 대추야자, 피넛 버터가 들어가 고소하고 달콤한 그래놀라 바입니다. 좋아하는 견과류나 말린 과일을 넣고 기호에 맞게 응용해도 좋아요.

재료

14x20x3cm 용기
1개분

대추야자(씨 제거 후) 130g

Ⓐ 피넛 버터 50g
　 메이플시럽 50g

아몬드 100g
오트밀 100g
비건 초콜릿 칩 40g

준비하기

- 대추야자는 씨를 제거한다. 따뜻한 물에 10분 정도 담가두면 씨가 쉽게 분리된다. 씨를 제거한 후 물기를 닦고 사용한다.
- 피넛 버터는 상온에 보관한다.
- 용기에 유산지를 깐다.
- 아몬드와 오트밀은 170℃ 오븐에 5~6분간 굽는다.

사각 용기
사각 용기를 사용한다. 납작한 용기일수록 만들기 쉽다. 뚜껑이 있는 용기라면 그대로 보관할 수 있어서 편리하다.

만들기

1   푸드 프로세서에 씨를 발라낸 대추야자를 넣고 곱게 간다.

2   대추야자 간 것과 Ⓐ를 볼에 함께 넣고 주걱으로 섞는다.

3   아몬드를 잘게 부숴 오트밀, 초콜릿 칩과 함께 ②에 넣고 잘 섞는다.

4   ③을 용기에 부어 고르게 편다. 뚜껑을 덮어 냉동실에 1시간 이상 두어 차갑게 굳힌다.

5   적당한 크기로 잘라 완성한다.

Tip   냉장고에서 1주간 보관할 수 있다.

4

Vegan Gluten Free Oatmeal crepe

오트밀 크레이프

오트밀로 만든 건강한 웰빙 크레이프입니다. 콩포트 같은 과일 조림이나 마멀레이드, 과일잼, 비건 휘핑크림을 곁들이면 더욱 맛있어요.

재료

약 6~8개분

(A) 오트밀 가루 60g
아몬드 밀크 240mL
녹말가루 2작은술
원당 1큰술

식물성 기름 **적당량**

메이플시럽, 과일, 비건 휘핑크림 **적당량**

만들기	1	볼에 Ⓐ를 넣고 거품기로 잘 섞는다.
	2	팬을 중간 불로 달군 후 기름을 두른다. 반죽을 한 국자 정도 떠서 팬 위에 붓는다.
	3	팬을 들어서 빠르게 돌려가며 반죽을 둥글게 펴준다.
	4	가장자리가 익으면 뒤집어서 굽는다.
	2	식으면 접시로 옮겨 담는다. 과일과 휘핑크림을 올리고 메이플시럽을 뿌린다.

Tip) 랩에 싸서 냉장고에 두면 다음날까지 보관할 수 있다.

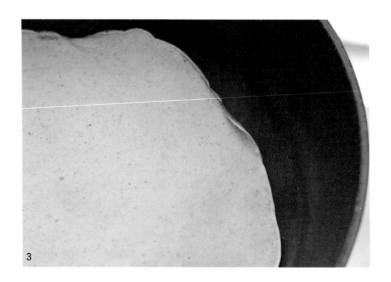

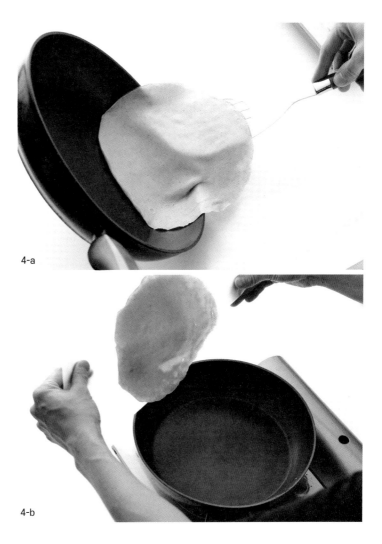

4-a

4-b

Vegan

French toast

프렌치토스트

두유와 두부를 넣어 풍부한 맛을 살리고 바닐라 익스트랙트를 사용해 콩 냄새가 나지 않아요. 식빵 대신 바게트로 만들어도 맛있답니다.

재료

두께 3cm 식빵 1장

(A) 두유 200mL

두부 100g

원당 2큰술

바닐라 익스트랙트 1작은술

시나몬가루 ¼작은술

소금 조금

비건 식빵 1장 (두께 3cm 정도)

식물성 기름 1작은술

비건 버터, 메이플시럽, 원당 적당량

만들기

1 Ⓐ를 푸드 프로세서에 넣고 부드러워질 때까지 간다.

2 식빵을 4등분한 후 ①에 15~20분간 담가둔다.

3 팬을 중간 불로 달군 후 기름을 두르고 ②를 올려 양면을 노릇노릇 하게 굽는다. 옅은 갈색이 될 때까지 굽는 게 포인트.

4 프렌치토스트를 접시에 옮겨 담고 버터와 메이플시럽을 올린다. 원당은 기호에 맞게 뿌린다.

Sweet potato

스위트 포테이토

둥글게 자른 고구마 위에 부드럽고 달콤한 고구마 페이스트를 올려 구우면 완성! 당도가 높은 고구마를 통째로 쪄서 사용하면 더욱 촉촉하고 풍부한 단맛을 즐길 수 있습니다.

재료
6~8개분

(A) 캐슈너트 버터 1큰술
두유 1큰술
메이플시럽 1½큰술
소금 조금

고구마 400g

준비하기

• 오븐은 200℃로 예열한다.

만들기

1 고구마는 깨끗이 씻어 껍질째 40~50분 정도 부드럽게 찐다.

2 찐 고구마의 반은 1.5cm 두께로 썰어둔다.

3 나머지 반은 껍질을 벗기고 Ⓐ와 함께 푸드 프로세서에 넣고 돌린다.

4 짤주머니에 별 모양의 깍지를 끼우고 ③의 고구마 페이스트를 채워 넣은 후 ②위에 원을 그리듯 짜서 올린다.

5 200℃ 오븐에서 20~30분간 노릇하게 굽는다.

Tip / 냉장고에서 3일간 보관할 수 있다.

Vegan
Donut

도넛

누구나 좋아하는 도넛입니다. 반죽이 차가울 때 둥글게 모양을 만들면 끈적이지 않아서 다루기 쉬워요. 도넛은 갓 튀겨내 따뜻할 때 먹는 게 가장 맛있답니다.

재료

10개분

Ⓐ 박력분 320g
   베이킹파우더 10g

Ⓑ 두유 150mL
   원당 90g
   바닐라 익스트랙트 1작은술
   소금 조금

식물성 기름 40g

덧가루(강력분), 튀김 기름, 원당 **적당량**

3-a

3-b

만들기

1 볼을 밑에 받쳐 두고 Ⓐ의 가루 재료를 체에 담아 거품기로 저으면서 내린다. 내린 가루를 한 번 더 잘 섞는다.

2 다른 볼에 Ⓑ를 넣고 거품기로 섞는다. 원당이 다 녹으면 식물성 기름을 넣고 한 번 더 잘 섞는다.

3 체에 내린 가루 재료를 ②에 넣고 잘 섞는다. 날가루가 보이지 않게 섞이면 반죽을 한 덩어리로 뭉친 후 랩에 싸서 냉장고에서 1시간 동안 휴지시킨다.

4 작업대에 덧가루를 뿌린 후 ③의 반죽을 올려놓고 스크레이퍼로 10등분한다.

6-a

6-b

5

5 손에 덧가루를 묻히고 반죽을 둥글게 뭉친다.

6 반죽 중앙에 손가락으로 구멍을 내고 양손 손가락으로 돌려가면서 링 모양으로 만든다.

7 튀김 기름을 끓여서 160℃ 정도가 되면 ⑥의 도넛 반죽을 넣고 튀긴다. 기름이 튀지 않도록 조심스럽게 기름에 넣는다.

8 반죽을 2~3회 뒤집어가며 5분 정도 튀긴 후 튀김망에 건져 식힌다. 식으면 원당을 뿌린다.

Vegan

Cake Salé

케이크 살레

짭짤한 맛이 나 가벼운 브런치로 추천하는 케이크입니다. 살레(Salé)는 프랑스어로 '짠맛'이라는 뜻이에요. 케이크 살레의 포인트는 재료를 볶아 수분을 제거한 후 반죽에 넣는 것이랍니다.

재료

17.5x8x5.5cm
파운드 틀 1개분

Ⓐ
박력분 120g
베이킹파우더 2작은술
건조 바질 ½작은술
건조 오레가노 ½작은술

Ⓑ
두유 120mL
올리브오일 2큰술
원당 1큰술
뉴트리셔널 이스트 1작은술
소금 1작은술

표고버섯 6개
양송이버섯 8개
빨간 파프리카 ½개
시금치 ½단
올리브오일 1큰술
호두 30g
옥수수 캔 2큰술
방울토마토 3~5개

준비하기

• 오븐은 180℃로 예열한다.
• 파운드 케이크 틀에 유산지를 깐다.
• 호두는 구워서 부숴 둔다.

파운드 케이크 틀
파운드 케이크 틀을 케이크 살레를 만들 때 사용하면 좋다.

4

| 만들기 | 1 | 표고버섯과 양송이버섯은 기둥을 잘라내고 세로로 반 자른다. 파프리카는 손질 후 2cm 크기로 자른다. 시금치는 연한 소금물에 데쳐 찬물에 헹군 후 물기를 꼭 짜서 2cm 길이로 자른다. |

만들기

1 표고버섯과 양송이버섯은 기둥을 잘라내고 세로로 반 자른다. 파프리카는 손질 후 2cm 크기로 자른다. 시금치는 연한 소금물에 데쳐 찬물에 헹군 후 물기를 꼭 짜서 2cm 길이로 자른다.

2 팬을 중간 불로 달군 후 올리브오일을 두르고 버섯을 볶는다. 물이 생기지 않게 천천히 볶아 수분을 날린다.

3 버섯의 수분이 다 없어지면 파프리카, 시금치를 넣고 함께 볶는다.

4 큰 접시에 키친타월을 깔고 볶은 재료를 올려 남은 수분을 증발시킨다.

6

7

8

5 볼을 밑에 받쳐 두고 Ⓐ의 가루 재료를 체에 담아 거품기로 저으면서 내린다. 내린 가루를 한 번 더 잘 섞는다.

6 다른 볼에 Ⓑ를 넣고 거품기로 섞은 후 ⑤의 가루 재료에 붓고 고무주 걱으로 잘 섞는다.

7 가루가 조금 남아 있을 때 ④의 재료와 호두, 옥수수를 넣고 잘 섞는다.

8 반죽을 틀에 붓고 방울토마토를 반 잘라 위에 올린다.

9 180℃ 오븐에서 40∼50분간 굽는다. 꼬치로 찔러 반죽이 묻어 나오지 않으면 완성이다. 틀에서 꺼내어 망에 올려 식힌다.

Tip / 하루 동안은 상온에 둬도 괜찮다. 남은 것은 랩에 싸서 냉장고에 두 면 다음날까지 보관할 수 있다.

Part 5

Cold Dessert 콜드 디저트

파르페
3가지 아이스크림
(초콜릿 피넛 버터, 코코넛 바닐라, 말차)
딸기 바바루아
자몽 젤리

생크림이나 젤라틴 없이도 시원하고 맛있는 디저트를 마음껏 즐길 수 있어요. 상큼한 디저트로 제격입니다.

 *Parfait*

파르페

비건 휘핑크림, 비건 그래놀라, 과일을 차곡차곡 쌓기만 하면 맛있고 건강한 파르페가 완성됩니다.
간단하게 준비할 수 있어 아침 식사 대용으로도 훌륭해요.

재료
용량 250mL 컵
1개분

비건 휘핑크림 60g

비건 그래놀라 40g

기호에 맞는 과일(바나나, 딸기 등) **적당량**

만들기

1   과일을 먹기 좋은 크기로 자른다.

2   휘핑크림, 그래놀라, 과일을 원하는 순서대로 컵에 넣는다.

3   그 위에 다시 휘핑크림, 그래놀라, 과일을 쌓는다.

비건 그래놀라를 부숴서 넣거나 비건 시리얼을 사용한다.

Ice cream

3가지 맛 아이스크림

부드럽고 달콤한 초콜릿 아이스크림, 고소한 코코넛 바닐라
아이스크림, 깔끔한 맛의 말차 아이스크림. 취향대로 골라 직
접 만들어 보세요. 맛은 물론이고 몸에 좋은 건 덤이랍니다.

초콜릿 피넛 버터 아이스크림 *Chocolate peanut butter ice cream*

달콤한 초콜릿에 바나나와 피넛 향까지 은은하게 느껴지는 아이스크림입니다. 초콜릿 칩의 톡톡 씹히는 식감이 재미있어요.

재료
350g

Ⓐ 바나나 2개
코코넛 가루 1큰술
메이플시럽 1큰술
피넛 버터 1큰술
아몬드 밀크 3큰술
소금 조금

초콜릿 칩 20g

준비하기

• 바트에 유산지를 깐다.

Tip / 바트가 없다면 납작한 사각 용기를 사용해도 된다.

만들기

1 Ⓐ를 푸드 프로세서에 넣고 곱게 간다.

2 재료를 바트에 붓고 하룻밤 동안 냉동실에 넣어 얼린다.

3 얼린 반죽을 바트에서 꺼내어 1~2cm 크기로 깍둑썰기 한다.

4 푸드 프로세서에 ③과 초콜릿 칩을 넣고 아이스크림 상태가 될 때까지 간다.

5 적당히 갈리면 아이스크림 스쿱을 사용해 컵에 담는다.

2

3

코코넛 바닐라 아이스크림

Coconut vanilla ice cream

향긋한 바닐라 향이 두유 특유의 맛을 잡아주고, 코코넛을 더해 더욱 고소한 맛이 납니다. 넉넉하게 만들어 놓고 팬케이크나 파이에 올려도 좋아요.

재료
350g

캐슈너트 100g
코코넛밀크(상온) 100mL
두유 100mL
아가베시럽 50g
바닐라 익스트랙트 1작은술
소금 조금

준비하기

• 캐슈너트를 4시간 이상 물에 불린다.

• 바트에 유산지를 깐다.

• 코코넛밀크가 굳은 상태라면 중탕으로 녹인다. 캔을 따뜻한 물에 담가 흔들어주면 된다.

만들기

1 불린 캐슈너트의 물기를 제거한 후 푸드 프로세서에 넣고 간다.

2 나머지 재료를 모두 넣고 한 번 더 간다.

3 반죽을 바트에 붓고 하룻밤 동안 냉동실에 넣어 얼린다.

4 얼린 반죽을 바트에서 꺼내서 1~2cm로 크기로 깍둑썰기 한다.

5 푸드 프로세서에 ④를 넣고 아이스크림 상태가 될 때까지 잘 간다.

6 적당히 갈리면 아이스크림 스쿱을 사용해 컵에 담는다.

Tip╱ 냉동실에서 2주간 보관할 수 있다.

말차 아이스크림

Matcha ice cream

말차 마니아에게 꼭 추천하고 싶은 아이스크림. 말차 특유의 쌉쌀하고 깔끔한 맛이 매력입니다.
기호에 맞게 단맛을 조절해서 드세요.

재료
350g

캐슈너트 100g
코코넛밀크(상온) 100mL
두유 100mL
아가베시럽 50g
말차가루 2큰술
소금 조금

준비하기

· 캐슈너트를 4시간 이상 물에 불린다.

· 바트에 유산지를 깐다.

· 코코넛밀크가 굳은 상태라면 중탕으로 녹인다. 캔을 따뜻한 물에 담가
  흔들어주면 된다.

만들기

1 불린 캐슈너트의 물기를 제거한 후 푸드 프로세서에 넣고 간다.

2 나머지 재료를 모두 넣고 한 번 더 간다.

3 반죽을 바트에 붓고 하룻밤 동안 냉동실에 넣어 얼린다.

4 얼린 반죽을 바트에서 꺼내서 1~2cm로 크기로 깍둑썰기 한다.

5 푸드 프로세서에 ④를 넣고 아이스크림 상태가 될 때까지 잘 간다.

6 적당히 갈리면 아이스크림 스쿱을 사용해 컵에 담는다.

Tip / 냉동실에서 2주간 보관할 수 있다.

Strawberry bavarois

딸기 바바루아

화사한 핑크색과 아름다운 모양이 보는 것만으로도 식욕을 자극해요. 생크림을 사용하지 않아도 맛이 풍부하며 칡가루를 사용해 더욱 건강한 디저트입니다.

재료

지름 16cm 구겔호프 틀
1개분

(A) 아몬드 밀크 220mL
코코넛밀크(상온) 150mL
아가베시럽 45g
칡가루 8g
한천가루 2g

딸기 300g
장식용 과일 **적당량**

구겔호프 틀

커다란 도넛처럼 생긴 틀을 사용해서 가운데 색색의 과일을 담으면 예쁘다. 없다면 아래와 같이 유리컵을 사용해도 된다.

만들기

1   볼에 Ⓐ를 넣고 주걱으로 으깨듯 섞어 체에 내린 후 냄비에 넣는다.

2   딸기는 포크로 눌러가며 잘게 으깬다.

3   ①을 중간 불에 올리고 고무주걱으로 천천히 저어가며 끓인다. 걸쭉하게 끓어오르면 ②의 딸기를 넣고 약한 불에 1분 정도 끓인다.

4   ③을 틀에 붓고 하룻밤 냉장고에 넣어 차갑게 굳힌다.

5   굳으면 틀을 접시 위에 뒤집어 비스듬히 올려놓고 가볍게 흔들어 뺀다.

6   예쁜 접시에 옮겨 담고 좋아하는 과일을 올린다. 비건 휘핑크림이나 민트 잎으로 장식해도 좋다.

2

3-a

3-b

Grapefruit jelly

자몽 젤리

젤라틴을 사용하지 않고 한천가루로 만든 상큼한 젤리입니다. 생수로 만들어도 되지만 주스를 사용하면 더욱 진한 맛을 즐길 수 있어요. 좋아하는 감귤류를 응용해도 좋아요.

재료
4인분

Ⓐ 원당 25g
| 한천가루 3g

자몽 2개
자몽 주스 또는 생수 **적당량**

준비하기

자몽 껍질을 소금으로 깨끗이 씻는다.

만들기

1 자몽의 윗부분을 잘라 뚜껑이 있는 그릇 모양으로 만든다.

2 스푼으로 자몽 속을 파내서 과즙과 과육을 볼에 담는다.

3 ②의 과즙과 과육의 무게를 재보고 부족한 양은 주스나 생수로 보충해서 450g이 되도록 맞춘다.

4 ③과 Ⓐ를 냄비에 넣고 중간 불에서 천천히 저으면서 끓인다. 끓으면 불을 끈다.

5 ④를 ②의 자몽 그릇에 붓는다.

6 식힌 뒤 냉장고에서 30분 이상 차갑게 굳히고 먹기 좋게 잘라 접시에 담는다.

Tip / 냉장고에서 2일간 보관할 수 있다.

리스컴이 펴낸 책들

• 요리

그대로 따라 하면 엄마가 해주시던 바로 그 맛
한복선의 엄마의 밥상

일상 반찬, 찌개와 국, 별미 요리, 한 그릇 요리, 김치 등 웬만한 요리 레시피는 다 들어있어 기본 요리 실력 다지기부터 매일 밥상 차리기까지 이 책 한 권이면 충분하다. 누구나 그대로 따라 하기만 하면 엄마가 해주시던 바로 그 맛을 낼 수 있다.

한복선 지음 | 312쪽 | 188×245mm | 16,800원

내 몸이 가벼워지는 시간
샐러드에 반하다

한 끼 샐러드, 도시락 샐러드, 저칼로리 샐러드, 곁들이 샐러드 등 쉽고 맛있는 샐러드 레시피 64가지를 소개한다. 각 샐러드의 전체 칼로리와 드레싱 칼로리를 함께 알려줘 다이어트에도 도움이 된다. 다양한 맛의 45가지 드레싱 등 알찬 정보도 담았다.

장연정 지음 | 184쪽 | 210×256mm | 16,000원

대한민국 대표 요리선생님에게 배우는 요리 기본기
한복선의 요리 백과 338

칼 다루기부터 썰기, 계량하기, 재료를 손질·보관하는 요령까지 요리의 기본을 확실히 잡아주고 국·찌개·구이·조림·나물 등 다양한 조리법으로 맛 내는 비법을 알려준다. 매일 반찬 부터 별식까지 웬만한 요리는 다 들어있어 맛있는 집밥을 즐길 수 있다.

한복선 지음 | 352쪽 | 188×254mm | 22,000원

오늘부터 샐러드로 가볍고 산뜻하게
오늘의 샐러드

한 끼 식사로 손색없는 샐러드를 더욱 알차게 즐기는 방법을 소개한다. 과일채소, 곡물, 해산물, 육류 샐러드로 구성해 맛과 영양을 다 잡은 맛있는 샐러드를 집에서도 쉽게 먹을 수 있다. 45가지 샐러드에 어울리는 다양한 드레싱을 소개한다.

박선영 지음 | 128쪽 | 150×205mm | 10,000원

맛있는 밥을 간편하게 즐기고 싶다면
뚝딱 한 그릇, 밥

덮밥, 볶음밥, 비빔밥, 솥밥 등 별다른 반찬 없이도 맛있게 먹을 수 있는 한 그릇 밥 76가지를 소개한다. 한식부터 외국 음식까지 메뉴가 풍성해 혼밥과 별식, 도시락으로 다양하게 즐길 수 있다. 레시피가 쉽고, 밥 짓기 등 기본 조리법과 알찬 정보도 가득하다.

장연정 지음 | 216쪽 | 188×245mm | 16,800원

집에서 손쉽게 만드는 이탈리안 가정식
오늘의 파스타

레스토랑에서 인기 있는 메뉴를 손쉽게 만들 수 있도록 비장의 레시피를 공개한다. 식탁을 다채롭게 차릴 수 있고, 지역별 파스타를 접하며 여행하는 기분도 느낄 수 있다. 기본 파스타부터 고급 요리까지 46개의 레시피를 담았다.

최승주 지음 | 128쪽 | 150×205mm | 12,000원

입맛 없을 때 간단하고 맛있는 한 끼
뚝딱 한 그릇, 국수

비빔국수, 국물국수, 볶음국수 등 입맛 살리는 국수 63가지를 담았다. 김치비빔국수, 칼국수 등 누구나 좋아하는 우리 국수부터 파스타, 미고렝 등 색다른 외국 국수까지 메뉴가 다양하다. 국수 삶기, 국물 내기 등 기본 조리법과 함께 먹으면 맛있는 밑반찬도 알려준다.

장연정 지음 | 200쪽 | 188×245mm | 16,800원

한입에 쏙, 맛과 영양을 가득 담은 간편 도시락
김밥 주먹밥 유부초밥

맛있고 영양 많고 한입에 먹기 편한 김밥, 주먹밥, 유부초밥. 도시락, 간식으로 준비하기에 이보다 더 좋은 게 없다! 밥 양념하기, 속재료 준비하기부터 김밥 말기, 주먹밥 모양내기, 유부초밥 토핑하기까지 50가지 메뉴의 모든 테크닉을 꼼꼼하게 알려준다.

지선아 지음 | 144쪽 | 188×230mm | 16,800원

먹을수록 건강해진다!
나물로 차리는 건강밥상

생나물, 무침나물, 볶음나물 등 나물 레시피 107가지를 소개한다. 기본 나물부터 토속 나물까지 다양한 나물반찬과 비빔밥, 김밥, 파스타 등 나물로 만드는 별미 요리를 담았다. 메뉴마다 영양과 효능을 소개하고, 월별 제철 나물, 나물요리의 기본 요령도 알려준다.

리스컴 편집부 | 160쪽 | 188×245mm | 12,000원

더 오래, 더 맛있게 홈메이드 저장식 60
피클 장아찌 병조림

맛있고 건강한 홈메이드 저장식을 알려주는 레시피북. 기본 피클, 장아찌부터 아보카도장이나 낙지장 등 요즘 인기 있는 레시피까지 모두 수록했다. 제철 재료 캘린더, 조리 팁까지 꼼꼼하게 알려줘 요리 초보자도 실패 없이 맛있는 저장식을 만들 수 있다.

손성희 지음 | 176쪽 | 188×235mm | 18,000원

천연 효모가 살아있는 건강빵

천연발효빵

맛있고 몸에 좋은 천연발효빵을 소개한 책. 홈 베이킹을 넘어 건강한 빵을 찾는 웰빙족을 위해 과일, 채소, 곡물 등으로 만드는 천연발효종 20가지와 천연발효종으로 굽는 건강빵 레시피 62가지를 담았다. 천연발효빵 만드는 과정이 한눈에 들어오도록 구성되었다.

고상진 지음 | 328쪽 | 188×245mm | 19,800원

볼 하나로 간단히, 치대지 않고 쉽게

무반죽 원 볼 베이킹

누구나 쉽게 맛있고 건강한 빵을 만들 수 있도록 돕는 책. 61가지 무반죽 레시피와 전문가의 Tip을 담았다. 이제 힘든 반죽 과정 없이 볼과 주걱만 있어도 집에서 간편하게 빵을 구울 수 있다. 초보자에게도, 바쁜 사람에게도 안성맞춤이다.

고상진 지음 | 248쪽 | 188×245mm | 20,000원

정말 쉽고 맛있는 베이킹 레시피 54

나의 첫 베이킹 수업

기본 빵부터 쿠키, 케이크까지 초보자를 위한 베이킹 레시피 54가지. 바삭한 쿠키와 담백한 스콘, 다양한 머핀과 파운드케이크, 폼나는 케이크와 타르트, 누구나 좋아하는 인기 빵까지 모두 담겨 있다. 베이킹을 처음 시작하는 사람에게 안성맞춤이다.

고상진 지음 | 216쪽 | 188×245mm | 16,800원

예쁘고, 맛있고, 정성 가득한 나만의 쿠키

스위트 쿠키 50

베이킹이 처음이라면 쿠키부터 시작해보자. 재료를 섞고, 모양내고, 굽기만 하면 끝! 버터쿠키, 초콜릿쿠키, 팬시쿠키, 과일쿠키, 스파이시쿠키, 너트쿠키 등으로 나눠 예쁘고 맛있고 만들기 쉬운 쿠키 만드는 법 50가지와 응용 레시피를 소개한다.

스테이시 아디만도 지음 | 144쪽 | 188×245mm | 13,000원

만약에 달걀이 없었더라면 무엇으로 식탁을 차릴까

오늘도 달걀

값싸고 영양 많은 완전식품 달걀을 더 맛있게 즐길 수 있는 달걀 요리 레시피북. 가벼운 한 끼부터 든든한 별식, 밥반찬, 간식과 디저트, 음료까지 맛있는 달걀 요리 63가지를 담았다. 레시피가 간단하고 기본 조리법과 소스 등도 알려줘 누구나 쉽게 만들 수 있다.

손성희 지음 | 136쪽 | 188×245mm | 14,000원

• 인테리어

우리 집을 넓고 예쁘게

공간 디자인의 기술

집 안을 예쁘고 효율적으로 꾸미는 방법을 인테리어의 핵심인 배치, 수납, 장식으로 나눠 알려준다. 포인트를 콕콕 짚어주고 알기 쉬운 그림을 곁들여 한눈에 이해할 수 있다. 결혼이나 이사를 하는 사람을 위해 집 구하기와 가구 고르기에 대한 정보도 자세히 담았다.

가와카미 유키 지음 | 240쪽 | 170×220mm | 16,800원

인플루언서 19인의 집 꾸미기 노하우

셀프 인테리어 아이디어 57

베란다와 주방 꾸미기, 공간 활용, 플랜테리어 등 남다른 감각의 셀프 인테리어를 보여주는 19인의 집을 소개한다. 집 안 곳곳에 반짝이는 아이디어가 담겨 있고 방법이 쉬워 누구나 직접 할 수 있다. 집을 예쁘고 편하게 꾸미고 싶다면 그들의 노하우를 배워보자.

리스컴 편집부 엮음 | 168쪽 | 188×245mm | 16,000원

119가지 실내식물 가이드 (하드커버)

실내식물 죽이지 않고 잘 키우는 방법

반려식물로 삼기 적합한 119가지 실내식물의 특징과 환경, 적절한 관리 방법을 알려주는 가이드북. 식물에 대한 정보를 위치, 빛, 물과 영양, 돌보기로 나누어 보다 자세하게 설명한다. 식물을 키우며 겪을 수 있는 여러 문제에 대한 해결책도 제시한다.

베로니카 피어리스 지음 | 144쪽 | 150×195mm | 16,000원

내 집은 내가 고친다

집수리 닥터 강쌤의 셀프 집수리

집 안 곳곳에서 생기는 문제들을 출장 수리 없이 내 손으로 고칠 수 있게 도와주는 책. 집수리 전문가이자 인기 유튜버 저자가 25년 경력을 통해 얻은 노하우를 알려준다. 전 과정을 사진과 함께 자세히 설명하고, QR코드를 수록해 동영상도 볼 수 있다.

강태운 지음 | 272쪽 | 190×260mm | 22,000원

화분에 쉽게 키우는 28가지 인기 채소

우리 집 미니 채소밭

화분 둘 곳만 있다면 집에서 간단히 채소를 키울 수 있다. 이 책은 화분 재배 방법을 기초부터 꼼꼼하게 가르쳐준다. 화분 준비부터 키우는 방법, 병충해 대책까지 쉽고 자세하게 설명하고, 수확량을 늘리는 비결에 대해서도 친절하게 알려준다.

후지타 사토시 지음 | 96쪽 | 188×245mm | 13,000원

버터, 달걀, 우유 없이도 이렇게 맛있다고?

비건 디저트

지은이 | 시라이 유키
옮긴이 | 안지홍

편집 | 김소연 양가현
디자인 | 한송이
마케팅 | 황기철, 이진목

인쇄 | 금강인쇄

초판 인쇄 | 2025년 1월 20일
초판 발행 | 2025년 2월 3일

펴낸이 | 이진희
펴낸곳 | (주)리스컴

주소 | 서울시 강남구 테헤란로87길 22, 7층(삼성동, 한국도심공항)
전화번호 | 대표번호 02-540-5192
            편집부 02-544-5194
FAX | 0504-479-4222
등록번호 | 제2-3348

ISBN 979-11-5616-787-7 13590
책값은 뒤표지에 있습니다.